专家支招话安全

电力设施保护与人居环境

DIANLI SHESHI BAOHU YU
RENJU HUANJING

姜力维 编著

王 峰 绘图

U0313636

中国电力出版社
CHINA ELECTRIC POWER PRESS

内 容 提 要

经济发展电力先行。支持电力建设是每个组织、团体和每个公民义不容辞的责任，固然保护公民人身和财产、幸福安居更为重要。

本书用浅显易懂的语言阐释了"电磁辐射"的基本概念，用大量翔实的案例和现场实测的数据为电力高压设施背负"电磁辐射"的黑锅而"平反正名"。

同时，专家以案为例，说法讲理，科学指出了诸多真正的"电磁辐射"的真凶。奉劝广大城乡居民，科学理解"电磁辐射"，切勿杞人忧天，幸福快乐生活。培育大局观，正确对待电力建设，为支持国家经济发展做出应有的贡献。

本书图文并茂，通俗易懂，法理精道，实践性强，适用于全国城市、城乡结合部、经济开发区和广大农村地区关于电力设施保护、电力建设和普及科学知识、保护生命健康的宣贯教育、培训学习的资料、教科书和居民公共读物。

图书在版编目（CIP）数据

电力设施保护与人居环境 / 姜力维编著；王峰绘. — 北京：中国电力出版社，2015.5（2017.6重印）
（专家支招话安全）
ISBN 978-7-5123-7414-0

Ⅰ.①电… Ⅱ.①姜… ②王… Ⅲ.①电气设备–保护 Ⅳ.①TM7

中国版本图书馆CIP数据核字（2015）第 060901 号

中国电力出版社出版、发行
（北京市东城区北京站西街19号　100005　http://www.cepp.sgcc.com.cn）
北京盛通印刷股份有限公司印刷
各地新华书店经售

*

2015年5月第一版　　2017年6月北京第二次印刷
787毫米×1092毫米　24开本　2印张　53千字
印数3001—5000册　定价19.00元

　　在电力生产、输配、使用的每一个环节中，由于违反电力法律法规和规程，马虎大意，疏于防范，都会造成大祸倏忽临头、生命健康瞬逝的人身触电事故，令人惊恐震撼、扼腕痛心，咀嚼事故，心有余悸。电力电能生产、输配和使用的每一个环节都离不开电力设施，因此，保护电力设施，保证其安全运行，是减少人身触电，保障人们生命健康，安居乐业，保护国家和人民财产安全的根本措施。为了教育广大群众不在电力设施保护区内从事违反电力法律法规的禁止性行为，珍爱宝贵的健康和高贵的生命，特编著绘制了本系列书。

　　本书图文并茂，通俗易懂，法理精道，实践性强，用真实生动的案例、依法合规的支招和尚酷精彩的画面还原了令人惊心动魄、痛悔不已的安全事故，诠释了珍爱人身健康，崇尚生命高贵，安全快乐幸福人生的理念和真谛。同时，专家以案说法，寓法于境，寓理于情，指出了人身触电事故的违法所在，并从遵纪守法、安全生产、企业管理、技术技能、个体行为等各个方面支招献策，预防触电。

　　可谓：言辞谆谆扣心扉，善意耿耿话安全。

　　　　　　苦口婆心送关怀，大爱无疆情无边。

　　本书用浅显易懂的叙述阐释了"电磁辐射"的基本概念，用大量翔实的案例和现场实测的数据为电力高压设施背负"电磁辐射"的黑锅而"平反正名"。教育广大城乡居民，科学理解"电磁辐射",培育大局观,支持国家电力建设和经济发展。

  本书的出版得到了中国电力出版社相关编辑的指导和帮助,借出版之际,深表诚挚的感谢。

  由于作者水平所限,谬误在所难免,殷切期盼各位专家和同仁,不吝赐教,批评指正,感激不尽。

姜力维

目 录

1."电磁辐射"被误用 虚惊一场卅年梦

某网省公司的 500 千伏变电站建设用地规划许可一出笼，就遭到了周边自发组织的 132 名居民的强烈抗议。他们打着"拒绝电磁辐射，向往绿色生活"的横幅在某市规划局门口示威，继而提起了行政诉讼。

案情分析

（1）因为"电磁辐射"长期被国内一些文件引用并在社会上传播，很大程度上增加了公众对低频场的误解与担忧。我国从 20 世纪 80 年代对高压低频电力设施使用"电磁辐射"概念。而 WHO 在电磁环境和公众健康领域中，均无一例外地严格统一采用电磁场 EMF（Electronic Magnetic Field）这一术语，而没有使用电磁辐射 EMR（Electronic Magnetic Radiation）。

（2）高压电力设施的工频电场与工频磁场是分别存在、分别作用的，沿传播方向上电场与磁场无固定关系，而不像高频场那样，电场、磁场矢量以波阻抗关系紧密耦合，形成"电磁辐射"，并穿透生物体。因此，高压电力设施在国家规范的限值内，对人体健康无害。"电磁辐射"概念不适当的使用，导致多少不该发生的误解、冲突啊！

专家支招

居民要自觉接受科学概念，咨询权威的科学部门，而不为道听途说左右，盲目轻信炒作，以致阻工违法。要做科学知识的宣传员，大声呼吁，电磁场对人体健康无碍，居民要放心支持国家电力建设。

2. 电磁辐射属误导　澄清概念放宽心

　　西风林村划归某市的西林区，市政府规划在该村西边建一座变电站，街头上于是就议论纷纷，什么电磁辐射呀，电磁污染呀，有人鼓动村民到市政府闹事，企图阻止变电站的建设。

案情分析

（1）村民们误解了电磁辐射的概念。所谓电磁辐射，是指电磁能量从辐射源发射到空间并以电磁波的形式在空间传播的现象，电磁辐射能量的大小与波源的频率有关，频率越高，即波长越短，越容易产生电磁辐射并形成电磁波。高压电力是通过电力线输送的，不是辐射传播的。

（2）电磁辐射和电磁污染是两个概念，电磁辐射虽无处不在、无时不在，但电磁污染只有在电磁辐射超过一定强度（即安全卫生标准限值）后，才对人体产生负面效应。

专家支招

其实地球本身就是一个大磁场，其表面的热辐射和雷电都可产生电磁辐射。电磁辐射在我们的生活中却很普遍：电视广播发射塔、雷达站、通信发射台、还有电脑、手机、微波炉、电磁炉等。

建议村民主动找测试单位或者环保志愿者，现场测试一下你家中和高压设施周围的电磁环境指标进行比对一下，就会发现原来家里的测试值不比高压设施周围低。数据面前，对电磁场的疑虑就会冰消雪解。

3. 高压电力属低频　电磁微弱无公害

对于某市的屯—庄—郎高压输电线路，线路附近的业主们强烈要求举行高压线环保听证会，是否会造成电磁辐射成争论焦点。附近业主称，根据电学常识，高压输电导线周围的工频电场会产生强大的电磁辐射，并会对人体造成严重危害。

案情分析

（1）高压线与疾病和恶疾无关，无须对电磁辐射恐慌。因为高压线路不会产生电磁辐射，它产生极低频电磁场或者叫工频电场、工频磁场。

（2）国际"电磁兼容"标准中规定，9000赫兹以上的频率才称为"射频"，也就是说9000赫兹以下频率的电源因辐射量太小，可以认为它们基本不会发射电磁波。输电设备工作频率在50赫兹，它的辐射功率就更小，对人身健康基本不会产生影响。

专家支招

居民可以实地访问、调查那些在变电站工作的人员，他们是否是正常着装，不带任何防护在站里工作十几年、几十年？问问他们，电磁场对生活、对健康有影响吗？

4. 工频高压很弱小　仅与家电试比高

　　居住在某市黄冈顶变电站附近的嘉怡花园、金福苑、省农机所宿舍等小区居民对拟建的变电站电磁辐射污染问题反映强烈。不少居民根据网上的资料误认为变电站产生的电磁辐射可能会导致各种疾病。

案情分析

　　在电力或动力领域中，通常将50赫兹或60赫兹频率称之为"工业频率"（简称"工频"）。在临近输电线路或电力设施的周围环境中产生工频电场与工频磁场，它们属于低频感应场。其波长达6000千米，按照天线理论，要想成为有效的辐射源，其天线必须具有与波长可比的长度。相对于如此长的"波"而言，输电线路本身的长度远远不足以构成有效的"发射天线"，从而不能形成有效的辐射。

专家支招

　　坚信高电压设备产生的电场强度、磁场强度跟常用的家用电器差不多，大家无须恐惧。网上流传的那些以讹传讹的说法，给人们带来很多无中生有的烦扰。希望您依靠科学，相信科学，才能够走出误区，踏实生活，快乐人生。

5. 高压设备背黑锅　真正元凶是家电

　　某市望山小区 11 号楼的全体居民集体上访环保局，诉称本楼 60 户居民就有 14 名癌症患者，其原因就是他们 1 号楼距离墙外 35 千伏高压线最近，只有 21 米。因此要求线路迁移。

案情分析

《电力设施保护条例》第十条规定，35 千伏线路走廊宽度为 10 米，本案距离 21 米，已 2 倍之多，高压线形成的电场和磁场很微弱，不会对身体造成不良影响。

专家支招

这里有一组数据：在 220 千伏的高压线下，选择正下方进行测量：电场强度为 488.8 伏 / 米，远远小于 4000 伏 / 米；磁场强度为 0.65 微特斯拉，远远小于 100 微特斯拉。而探头距离电吹风距离很小的时候，磁场可以高达将近 4 微特斯拉。

经过比对可以发现：这些电吹风、电动刮胡刀、电视、电脑等家用电器的数值都在国家规定的标准范围之内，就是说经过国家认证许可的，有些指标比电力设施周边还要高。由此可见，高电压设施真是背了黑锅，其实真正招致致癌、致白血病的元凶，与其说是高压设施还不如说是围绕我们周边的手机、无绳电话、微波炉、电磁炉、电脑和电视等设备。

6.高压设施低辐射　不如家电辐射多

　　周某称自己所在小区附近有一条220千伏高压线路,每次一走进小区就有种很不舒服、压抑郁闷的感觉。因为她听说高压输电线路附近的居民会出现失眠、焦虑情况,电磁辐射导致癌症、白血病、神经病、孕妇流产……非常可怕。

案情分析

对于很多居民来说，"心病"远大于"电磁场"带来的影响，而"心病"很大程度上是源于媒体的误导。因为他们不明白高压线不会产生电磁辐射，它产生的工频电场、工频磁场不会对人体健康产生不良影响。因为它的波长 6000 千米，所以它不会像高频电磁辐射那样被人体吸收。

专家支招

给居民举个现实的例子，输电线 10 米以外的磁场强度不超过 10 微特斯拉，低于国内参照标准 100 微特斯拉。这只有一个开着的电吹风机产生磁场的七分之一，电热毯的五分之一。所以居民们大可不必谈高压色变，尽可高枕无忧，快乐生活。您所需要注意的不是电磁场，而是保护电力设施，预防人身触电。

7. 高压线路真冤枉　怪病恶疾背身上

　　北京西—上—六 220/110 千伏线路工程，遭遇多家单位前所未有的质问，大学、医院、花园、公园和小区的代表人举报、投诉，要求听证进而起诉。他们列举了高压送电线路种种罪状和诸多"真实"癌症案例，要求将线路迁移或改为地下。最终在专家的实测数据的支持下，法院驳回起诉。

案情分析

（1）把电力线路看成一根"发射天线"的话，它的"发射"能力几乎为零，实际上形不成"辐射"；人体处在电力线路附近几米到几十米的地方，这里电场和磁场在空间是静止不动的，不可能存在电磁波发射现象。

（2）高压线路为工频 50 赫兹的低频率，波长为 6000 千米，大约是人体的 340 多万倍，不可能穿越人体。绝不能使物质产生电离，如断开细胞间的化学键。所以，高压送电线路背负种种罪状是冤枉的，诸多"真实"癌症案例与高压送电线路挂钩也纯属无稽之谈。

专家支招

公民应了解癌症发病的真正原因，才会积极预防，远离癌症。无中生有，猜忌高压设施，只能无端给自己心理蒙上阴影，影响身体健康，辜负快乐人生。

8. 封闭电站无辐射　家用电线反逞强

某市新建地铁变电站后，附近不少居民纷纷投诉，其危害附近居民身体健康，建议改为地下设施，否则将提起诉讼，要求法院判令停止变电站运行。市政府组织专家、居委会和居民举行了听证会。

案情分析

（1）即使开放式变电站，对于居民身心健康也没有影响。况且本变电站高压带电部分配备有全封闭的金属外壳，有屏蔽和隔绝辐射的作用。运营后环保部门曾组织专家带专用仪器到居民小区进行现场测评，结果显示：仪器几乎测不到变电站的辐射，辐射强度几乎等于零，完全不会影响人体健康。

（2）专家们又对附近居民的家用主供电线的电磁辐射进行了抽样测试，结果表明，家用主供电线的电磁辐射还高过了变电站的辐射强度。

专家支招

居民可以参与环保志愿者组织活动，学习环保科学知识，自己动手测评高压设备周边的电磁环境质量。让科学和数据充实自己的头脑，提高生活质量。

9."电磁辐射"被误用　张冠李戴名不正

　　某市欲在城郊结合部建设一条高压线，塔基一直难以寻觅到落脚之地，在勘察阶段就遭到重重阻力，如引发的多次抗议活动。居民们一直呼吁要健康，要环保，不要高压线路的电磁辐射。

案情分析

通常所称的"高压线路电磁辐射"本身就是一个错误概念。在电力线路、电缆、民房布线和用电设备周围，确实存在的是感应电场和感应磁场，而不是"电磁辐射"。因为，电磁辐射是针对波长很小的微波而言，输电线频率为 50 赫兹，电磁波波长达 6000 千米，即使是 500 千伏的超高压线路，也不会产生强烈磁场。

专家支招

因为 20 世纪 80 年代，极低频场公众暴露控制的职能被归口到原国家环保总局核辐射控制部门，由于历史的原因及当时的认识，在其发布的行业标准及一些文件中沿用了"辐射"二字，把低频感应电场和磁场也纳入"电磁辐射"管理范畴，加上"电磁辐射六大危害"等不适当舆论的推动，成为混淆公众概念、引发焦虑的重要因素之一。请大家关注，据了解，国家环保部已经认识到"辐射"概念的不适当引用所造成的误解，已着手在各种官方文件中予以修正。

10. 一家四口患上病　埋怨高压说不通

　　华亭村杨某一家四合院外有一基 220 千伏高压线铁塔，距离住宅 27 米。杨某一家诉称，电力公司的铁塔和附近高压线的电磁辐射引发他家人患上多种疾病：杨某自己患脑梗塞、妻子患老年痴呆、儿子和女儿患心肌炎。因此诉求供电公司给予医疗赔偿并要求另行安置宅基地。法院根据实测电场和磁场数据驳回起诉。

案情分析

在电力线路、电缆、民房布线和用电设备周围,确实存在的是感应电场和感应磁场,而不是"电磁辐射"。《电力设施保护条例》规定,220千伏线路保护区宽度为15米,本案的距离为27米,近乎2倍,是安全的。因为杨某院子内实地测量的工频电场强度是20~30伏/米、工频磁感应强度是1.3~1.4微特斯拉。把杨某家的电磁炉开机,在距离电磁炉约0.5米外,测得电场强度为19伏/米,几乎与高压线趋同。

专家支招

由上分析可知,把一家四口的病因归结为高压电,没有任何科学依据。还是应从医学方面去找原因,并积极对症下药,加紧治疗,而不该纠缠于"辐射"贻误治疗时机。

11. "电晕"放电无公害　轻微干扰无线电

　　刘某一家六月份刚刚购买了幸福家园小区的新房子,欢天喜地乔迁新居。进入七月份,他发现在阴雨天气里,距离他家住房不到30米的220千伏高压线表面会有"电晕"放电现象,并伴有"呲呲"的噪声。他感到居住在这样的环境里非常害怕,次日便去找地产开发商要求退房或者降价。

案情分析

（1）从距离上说很安全。《电力设施保护条例》规定，220千伏架空高压线路的保护区宽度为15米，本案已近30米。

（2）但对于220千伏及以上的输电线路来说，由于电压很高，在其运行中，特别是在天气不好的情况下，导线表面会有"电晕"放电现象，并伴有"呲呲"的噪声。这是一种高频放电，频率也仅为0.15~30兆赫，其唯一效应是会对无线电中波产生干扰，而不会对人体产生不良影响。即使对无线电波干扰也是微乎其微，因为其强度是无线电中波的千万分之一，否则我们会完全听不到无线电广播。

专家支招

尽管放电现象对人体无害，还是建议居民雷雨天远离电杆电线，以免雷击和线路断落造成跨步电压触电。

12. 线下感应属正常　了解科学莫惊慌

电器修理工的"新发现"掀起了轩然大波，不好了！电磁辐射太强了，我路过电线时，感应电笔自己就亮了。于是居民们纷纷拿出电笔、甚至荧光灯来测试，果然如此。于是乎，500千伏线路附近的好事者便聚众到供电公司要求搬迁。

案情分析

电力线下荧光灯发亮是正常的。在高压输电线路的电场中，如手持感应式电笔，它会发亮；在超高压电力线下，手持荧光灯管，它可能会发荧光。不了解原理的人就会担忧，其实是简单的物理感应现象，与健康影响并无关联。

另外，在 500 千伏及以上输电线路走廊下，有时碰到接地金属物体，极少数敏感人群可能因接触电流流过人体，会有轻微电刺激感觉，这是感应电释放现象。如碰到不接地的大型金属物体，部分人会感到有轻微的电刺激感。

专家支招

以上的这些现象只是告诉你上面的线路有电而已，感应式电笔在感应电场中若不发亮，倒是不正常了。高压线下的这些电刺激感，强度比冬天脱毛衣时的静电感还要低一些。所以，国际标准规定 5 千伏 / 米的电场限值，就是保证绝大多数人在碰到接地金属物体时不会有不舒服的电刺激感。我们国家规定的标准比 WHO 还严格：电场 4 千伏 / 米、磁场 100 微特斯拉。因此，广大群众尽管放心开心，享受生活。

13. 危言耸听属讹传　相信科学保平安

　　王某等人最近看中了一处房子，价格、户型都很合适，可是去项目现场看了房之后，犹豫不决。据他称，楼盘周围有 220 千伏高压电线，很多买房户都摇头而去："高压线附近有辐射会导致儿童白血病、癌症、孕妇流产、胎儿畸形、儿童智残等怪病。"

案情分析

（1）电磁辐射是指高频率的射频，国家环保局规定的电磁辐射防护限值最小频率为 10 万赫兹，而高压输电的频率仅为 50 赫兹，不属于电磁辐射范畴，只产生微弱的电磁感应。

（2）WHO《电磁场曝露限值导则》规定："输电线路的感应电场"（简称工频电场）的限值标准是 5 千伏 / 米（kV/m）；"输电线路的感应磁场"（简称工频磁场）的限值标准是 100 微特斯拉（μT）。而我国在工频领域（频率 50~60 赫兹）国家环保总局颁布的《500 千伏超高压送变电工程电磁辐射环境影响评价技术规范》规定得更严格：居民区工频电场限值 4 千伏 / 米，工频磁场 0.1 毫特斯拉（100 微特斯拉），500 千伏以下输电线路和变电站参照执行。

专家支招

告诉你一个实际测试的案例：220 千伏的高压线路下，一般电场强度只有 0.11~0.5 千伏 / 米，磁场强度只有 0.01 毫特斯拉左右，都远小于国家环保总局的规定限制，几乎可以忽略，不会对人体健康产生不良影响。因此，谈电色变，纯属杞人忧天，影响自己的生活质量。

14. 高压低频不辐射　辐射须达九千赫

　　莲花村胡某到法院诉称，供电公司在其房子上空架设 220 千伏线路（距房顶垂直距离为 21.623 米），电磁辐射污染非常严重：他家的茶树、果树枯死，老父也落患癌症致死，要求供电公司给予经济赔偿。邻居村民也证明，高压线路的确很危险，在雨天都冒火花，肯定对人畜和植物有很大的伤害。

案情分析

（1）《110～500kV 架空送电线路设计技术规程》表 16.0.4-1 规定，导线与建筑物之间的最小垂直距离为 6 米。本案线路对房顶的垂直距离为 21.623 米，3 倍之多。其次，在电力线路周围确实存在感应电场和感应磁场，而不是"电磁辐射"。本案电场强度为 0.011~0.913 千伏 / 米、磁感应强的为 0.383~1.82 微特，远远低于国家规定限制。

（2）9000 赫兹以上才是射频。WHO 极低频场环境健康准则（EHC）科学专家工作组正式评定：公众通常可遇到的 0~300 赫兹的极低频电场不存在实际影响健康的问题；不能证实长期的低频磁场对人体存在健康风险；执行低频电场与磁场的国际标准（工频电场的限值标准是 5 千伏 / 米；工频磁场的限值标准是 100 微特斯拉，现已调整为 200 微特斯拉），足可保证包括儿童和孕妇在内的公众健康与安全。

专家支招

本案胡某应注意的不是"电磁辐射"也不是电晕现象，而是不要擅自加高房屋，不要向高处线路投掷物体，保证电力线路安全运行才能保证自家人身财产安全。

15. 市区缺电要建设　建设电力为居民

　　某市东城区是开发重点，电力供应缺口越来越大。市政府规划在该区建一座变电站。该区居民闻风而动，纷纷抗议质问：为什么输变电工程非要建在居民区而不是建在偏僻的郊区？

案情分析

俗话说，远水救不了近火。按供电要求，一个市区变电站只能覆盖 1~20 平方公里（相当于供电范围为 0.56~3 千米）。在范围之外的居民客户就难以保证电压合格率。打个比方，某市区的居民多了，公交公司就会在附近另行设置公交车站，满足居民需要，以免居民跑很远的路乘车。如果把这个公交车站设在偏远的市郊，那么对于方便市区的居民交通出行还有何意义呢？

专家支招

居民应该了解，随着城市的发展、供电可靠性和电能质量要求的提高，新建的变电站只有进入居民区，才能把电力输送到附近的居民家中，才能满足居民的用电需求。因为供电半径大于 450 米，客户端电压就难以保证合格，您愿意电压低，电灯暗淡无光吗？

电力建设都是为了促进当地经济发展，为各行各业提供动力，为居民提供充足的生活用电，提高生活质量，共享安居乐业。

因此，广大居民应当大力支持电力建设。

16. 电杆距离房屋近　挡光挡风不安全

　　原告某市张某将供电公司、镇政府和村委会告上法庭。诉称，原告祖居坐落在东罗镇西溪村，三被告未经原告同意，将电杆架设在原告房屋东面的排水沟里，距离屋檐仅0.2米，且正好对着东边窗户，严重影响原告房屋的通风、采光及通行。再者，横担就在屋顶上影响将来的房屋维修且会带来失盗的安全隐患。原告就此问题，多次与被告交涉未果，故诉至法院要求迁移电杆，停止侵害，维护原告的合法权益。

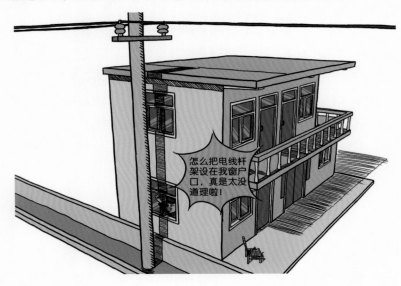

案情分析

（1）电杆距离屋檐 0.2 米显然距离不够，因为《电力设施保护条例实施细则》规定，1 千伏以下线路边导线在计算最大风偏的情况下，距离建筑物的水平安全距离不应小于 1 米。本案的电杆距离屋檐仅为 0.2 米，显然满足不了安全距离。

（2）本案的电杆不应正好立在窗前，影响采光和通风。可以变通电杆的挡距，移开窗户位置。同时以防窃贼借助电杆攀爬入室行窃，保护相邻人的人身财产安全。总之，要本着有利生产、方便生活、团结互助、公平合理的原则，与相邻人和睦相处，共赢同乐。

专家支招

在本案低压线路整改以前，张某不要在线下堆积，不要随意攀上屋顶，不要在线下摆弄长的杆件物，以免造成人身触电伤亡。

17．配电设施"嗡嗡"响　选址错误应退房

　　何某夫妇花 50 多万买了河滨小区楼盘的 58 座 102 室，购房时只说地下是车库，但在交房后却发现竟然是小区配电房。晚间本该夜深人静，可是配电房的"嗡嗡"声却让何某夫妇不能入睡。何某夫妇以噪声污染严重为由将地产开发商告上法庭，要求退房。

案情分析

（1）《电力设施保护条例》规定 1~10 千伏线路的保护区为 5 米，本案正在地板之下，显然距离不足，噪声问题应予解决。实际运行中 330 千伏以下的高压线路的噪声 20 米以外都在规定的噪声限制以下，如 ≤ 40 分贝。

（2）运行中的供用电设备有"嗡嗡"的交流声，《城市区域环境噪声标准》（GB 3096—1993）规定，夜间在居住区如果超过 50 分贝，就应界定为噪声。如果经过测试配电房的噪声等于或超过 50 分贝，应给何某夫妇退房。

专家支招

居民在选择住房时，尽可能远离噪声源，在噪声限制以下的区域购房，给自己宁静的休息环境。

18. 铁塔遮挡颐和园　有碍和谐碍景观

　　北京电力公司的"西—上—六"工程，使在颐和园附近的高压线塔在客观上对颐和园整体景观产生了影响，各方利害关系人代表建议将高压线塔拆除，电缆改为地下铺设。他们强调，颐和园被联合国教科文组织列为世界文化遗产名录。我国向联合国郑重承诺对颐和园周围的风景设计、植被、文物景观予以保护，对于构成颐和园景观环境影响的临时建筑物逐步拆除，对建设区的建设高度实施一定的控制。

案情分析

（1）按照北京市文物保护单位、保护范围及建筑控制地带管理规定，二类地区控制高度为 3.3 米，三类地区控制高度为 9 米以下。电力公司的高压线塔架高度是 34 米。从电力公司竖起的 5 座线塔的效果来看，这在客观上对颐和园整体景观产生了影响。

（2）《环境影响评价法》第 4 条规定，环境影响评价必须综合考虑建设项目实施后对各种环境因素及其所构成的生态系统可能造成的影响；《环境影响评价技术导则》第 4.2.1 条规定，建设项目的环境影响评价通常可进一步分解成对不同环境要素的评价，即：……文物与珍贵景观……；《500kV 超高压送变电工程电磁辐射环境影响评价技术规范》第 2.5.5 条规定，应对自然环境、生态环境、社会环境、生活质量环境 (包括风景名胜和景观) 的影响进行评价。

（3）尽管最后国家环保总局根据审批合乎程序、施工符合规程裁决北京电力公司胜诉。但镜鉴此案，不可不将景观保护作为今后电力工程立项应该前瞻考虑的重要因素，给国人和子孙留下怀旧的精神依恋，让炎黄文明的薪火代代相传。

专家支招

建议对于国家建设有碍景观和文物保护，不要以阻工、对抗等形式行使权利。任何组织和公民有权利保护国家的文物和景观，可以通过申诉、检举、控告等法律法规的允许形式行使权利。

19. 调度大楼挡后邻　降低采光应赔偿

　　某供电公司在建筑调度大楼后被诉，该大楼严重遮挡了原告家房屋的采光，整日屋内照射不进来阳光，阴暗潮湿，严重影响家人生命健康。尤其在冬季，原告要靠电暖气采暖。为此诉至法院，请求法院依法判令被告停止侵害，排除妨碍并赔偿因遮挡房屋采光而给原告造成的房屋价值降低和取暖费用增加的经济损失。

案情分析

（1）《物权法》第八十九条规定，建造建筑物，不得违反国家有关工程建设标准，妨碍相邻建筑物的通风、采光和日照。《民法通则》也有相应规定。

（2）《国家标准城市居住区规划设计规范》（GB 50180—1993）规定：大城市住宅日照标准为大寒日≥2小时，冬至日≥1小时，老年人居住建筑不应低于冬至日日照2小时的标准；在原设计建筑外增加任何设施不应使相邻住宅原有日照标准降低。

（3）《民法通则》第八十三条规定：不动产的相邻各方，应当发扬有利生产、方便生活、团结互助、公平合理的精神，正确处理截水、排水、通行、通风、采光等方面的相邻关系。给相邻方造成妨碍或者损失的，应当停止侵害，排除妨碍，赔偿损失。本案供电公司调度大楼给邻居造成损失应予依法赔偿。

专家支招

居民对于违反《国家标准城市居住区规划设计规范》（GB 50180—1993）规定，妨碍自家建筑物的通风、采光和日照的建设方，可以协商解决，协商不成的，可以提出停止侵害，排除妨碍或者赔偿因遮挡房屋采光而给原告造成的房屋价值降低和取暖费用增加的经济损失的诉求。

20. 钢缆失盗无关联　与邻为善保安全

　　一天夜里吴某家被盗。经过公安勘查确认盗贼是沿着供电公司挂电缆的钢绞线进入吴某家中的。于是，吴某起诉供电公司要求迁移线路，消除安全隐患并赔偿失盗损失。

案情分析

（1）要输送光明给千家万户，必须架设线路，线路的路径都是优化选择的。经查本案线路的设计施工完全符合技术规范。但是如果可能的话，还会尽量远离相邻不动产。

（2）本案中供电公司的农网改造工程是利民工程，并且钢绞线和失盗并无必然联系，供电公司不应承担赔偿责任。相邻关系人吴某应本着利生产、方便生活、团结互助、公平合理的精神，与供电方和睦相处，维护好电力设施，从而保证自家安全连续用电。

专家支招

本案架设的线路路径都是优化选择的，完全符合设计施工技术规范。吴某作为相邻关系人，应当保护线路安全运行，不要在线路走廊内，未经采取安全措施就进行修缮、改建、竖立杆件等违法行为，更不要在线路上搭挂物体，以防人身触电。